法国经典科学探索实验书

U0311383

宇宙大冒险

法国阿尔班·米歇尔少儿出版社 / 著·绘

欧 瑜 / 译

中信出版集团 · 北京

图书在版编目（CIP）数据

宇宙大冒险 / 法国阿尔班·米歇尔少儿出版社著绘；
欧瑜译 . -- 北京：中信出版社，2018.9
　　ISBN 978-7-5086-8239-6

　　Ⅰ. ①宇… Ⅱ. ①法… ②欧… Ⅲ. ①宇宙 - 少儿读
物 Ⅳ. ① P159-49

　　中国版本图书馆 CIP 数据核字 (2017) 第 253074 号

Les expériences-clés des Petits Débrouillards –Le Cosmos
© 2015, Albin Michel Jeunesse
Simplified Chinese edition arranged by Ye Zhang Agency
Simplified Chinese translation copyright © 2018 by CITIC Press Corporation
ALL RIGHTS RESERVED.
本书仅限中国大陆地区发行销售

宇宙大冒险

著 绘 者：法国阿尔班·米歇尔少儿出版社
译　　者：欧　瑜
出版发行：中信出版集团股份有限公司
　　　　　（北京市朝阳区惠新东街甲 4 号富盛大厦 2 座　邮编　100029）
承 印 者：鹤山雅图仕印刷有限公司

开　　本：880mm×1230mm 1/16　　　　印　张：6　　　字　数：69 千字
版　　次：2018 年 9 月第 1 版　　　　　印　次：2018 年 11 月第 2 次印刷
京权图字：01-2016-7232　　　　　　　　广告经营许可证：京朝工商广字第 8087 号
书　　号：ISBN 978-7-5086-8239-6
定　　价：38.00 元

目 录

实验指南

你需要的是耐心、幽默和毅力！
某些实验，你尽可以反复去做，或是和家人、朋友分享。

★☆☆
非常容易
实验做起来很快，
或几乎不需要什
么材料，或容易
理解。

★★☆
简单
实验需要一定的专
注力，你可以从中
了解并领会完整的
科学现象。

★★★
复杂
实验既耗时又费
材，或描述了复
杂但令人着迷的
科学现象。

根据使用物品的不同，某些实验需要在一名成年人的协助下才能完成得更顺利和更安全。

这类实验会标有以下提示：

"这个实验需要在成年人的陪同下完成。"

第一章

从地球上看宇宙

本章主要讲我们对宇宙的认知——现代人的认知以及古人的认知。通过本章，我们还可以认识到，所有的科学方法，第一步，也是必不可少的一步，就是简单的观察。

因而，要"看"宇宙，首先请你凝神观看天空中都有些什么，将目光投向目力所能及的最远处，去发现、重新发现那些组成天空的物质：星星、太阳、月球、黑洞、星系……

这些观察结果立刻会引出许多问题。星星是静止不动的吗？它们是连在一起的吗？太阳和月球在以同样的节奏运转吗？地球距离月球有多远？天空是什么形状的？……

或许，我们的祖先就是在提出类似问题的过程中，形成了对宇宙最初的认知。

先辈们的某些理论是错误的，比如"天球说"，但另一些理论则被沿用至今，比如恒星与行星的区别，再比如太阳只是看起来比星星更加明亮。

人类从未停止过对天空的凝望。这种观察远非那种喜爱幻想的人的惯常行为，它不仅催生出了最早的历法，还让人类了解到了不同的月相，并绘制出四季星空图。自20世纪以来，随着人类征服太空的梦想成真，这种对天空的兴趣也变得愈发浓厚。

01 天空中的图形

星相学中，象征一年12个时期的黄道十二宫是怎么出现的？

1.需要什么？

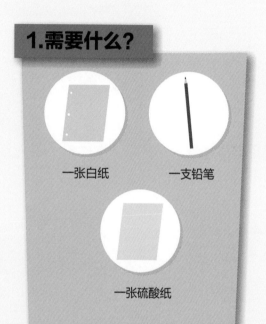

一张白纸　　一支铅笔

一张硫酸纸

2.做什么？

用一张硫酸纸复制出下面这幅星座图。图上的每个圆点对应一颗星星，圆点越大，星星越亮。然后尝试用铅笔将星星连接起来，以勾勒出物品、人物或动物的图形。

3.什么原理？

如果你的想象力足够丰富，就可以开动脑筋，用不同的方法把星星连起来。4 000多年前，占星家们在下面这些星星里看到了一头狮子和一只螃蟹。多么富有创意！今天，我们把天空中与这些星星对应的区域称为"狮子座"和"巨蟹座"（"巨蟹座"一词，源自希腊语"karkinos"，意为"螃蟹"）。

狮子座

巨蟹座

4.有什么用？

星座就好像在天空中勾勒出的图形。然而，这些星星看似聚在一处，实则相距甚远，它们之间也没有任何的连接点。每一个曾对星辰有所关注的人类文明，都会在天空中勾勒出专属于自己文化的图形，而且这些想象出的图形与相邻国家或地区的并不相同。此外，天文学家还可以参照星空图定位空中的某颗星。

武仙座

星空图

02 为什么天空不是方形的?

古代天文学家习惯用空心的球体来表示在天空中运行的星辰,这是为什么呢?

1.需要什么?

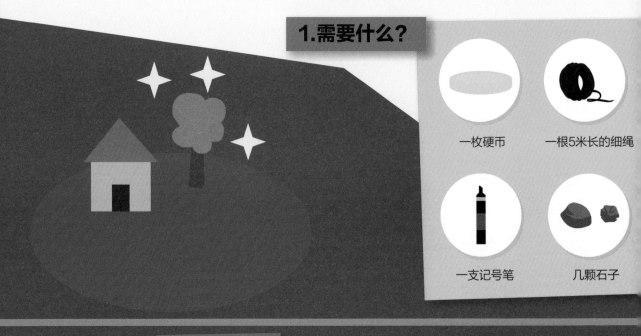

一枚硬币

一根5米长的细绳

一支记号笔

几颗石子

2.做什么?

1 把一颗石子放在你的脚前,以标记你的位置。闭上一只眼睛,用两根手指捏住一枚硬币,然后尽量向前伸展胳膊,让硬币远离你的眼睛。

2 让你的朋友退到硬币刚好能够遮住他头部的位置。然后让你的朋友用一颗石子标记出他自己的位置。

3 将这一做法重复若干次:你待在自己的位置上不动,让你的朋友每次向旁边移动两步。而且你的朋友每次都要向前或向后移动,直到硬币刚好能遮住他的头部。

4 接下来,用细绳测量出你的石子和你朋友放置的处于不同位置上的石子之间的距离,并用记号笔记录下来。最后,把标记你朋友位置的这些石子用线连起来。

你注意到什么了吗?

3.什么原理？

每次测量出的距离几乎都是一模一样的，当你把标记你朋友不同位置的石子用线连起来时，就会得到一个圆形！

为了能让硬币（一直处于距离你眼睛同样远的位置上）每次都刚好遮住你朋友的头部，就必须让他每次都跟你的眼睛保持相同的距离。

当我们把所有这些与A点（你的脚）距离相同的点连接起来时，就能得到一个以A点为圆心的圆形。如果我们在空间中进行这一测量（朝高点和低点移动），就会得到一个（空心的）球体。

4.有什么用？

从美索不达米亚人到中美洲的玛雅人，从古埃及人到中国人，还有古希腊人和古罗马人，以及阿拉伯人或中世纪的欧洲人，都曾经用球体来描绘布满星辰的天空，这些星辰就悬附在这个球体上。直到出现了观测宇宙的现代方法，人们才意识到，天空中不同的星辰跟我们之间的距离也各不相同。

03 "月亮历"和"太阳历"不是一回事儿

我们是如何将一年中的365天划分为12个月的?

1.需要什么?

一个计算器　　一本年历

一张纸

2.做什么?

我们每天看到的月亮都不一样,但是,每经过约29.5天,月亮都会从缺到圆,再从圆到缺。天空中的太阳,每过约365.25天就会移动到同一个位置上,而且向南倾斜的角度也相同。

我们是否能将"太阳历"中长度为12个月的一年,等分在月亮历中呢?

3.什么原理？

为了得到"月亮历"（阴历）中的一年，我们用29.5天乘以12个月，就得到354天，比"太阳历"（阳历）中的一年少了11天。

人类不同文明时期的天文学家，通过观察月亮和太阳每天在天空中的运动轨迹制定了历法。

4.有什么用？

天文学家很快就意识到，阳历中的一年无法被等分在阴历中。因此，他们在制定历法时不得不做出选择：或是依据月亮的移动（月份），或是依据太阳的移动（比如季节和影子的移动）。不同时期和地方的人们，有些选择将365天作为一年，比如古埃及人、中国人和中美洲的玛雅人，早在公元前就已经开始使用一年有365天的年历了！

玛雅历法复制品

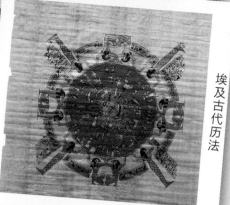

埃及古代历法

04 从月球到地球

月球，是地球唯一的天然卫星，距离地球约38万千米，并围绕地球旋转。
这个距离是怎么测算出来的呢？

1.需要什么？

一把剪刀

一卷缝纫线

一根1.90米长的木棍

一把圆规

一张硬纸板

2.做什么？

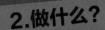

1 用圆规在硬纸板上画出两个直径为3.2厘米的大圆（代表地球）和两个直径为0.9厘米的小圆（代表月球）。

2 把四个圆剪下来。从圆的边缘处剪开一道口，一直剪到圆心处，然后分别将两个大圆和两个小圆沿切口嵌插起来。

3 用缝纫线将你的"地球"和"月球"悬挂在木棍的两端。

3.什么原理?

你刚刚复制了一个比例为1:200 000 000（2亿）的地球－月球体系。在这个体系中，1厘米就相当于2亿厘米，也就是2 000千米。把你的眼睛靠在你制作的"月球"的一侧，看向另一端的"地球"，你所看到的"地球"的大小，就是假定你站在月球上看到的地球的大小。

4.有什么用?

从这个模型可以看出，月球距离地球并没有我们想象中那么遥远。1969年，美国航天员乘坐宇宙飞船只用了3天时间就抵达了月球。人们发现，月球要比地球小得多。相反，太阳离地球则非常遥远，而且巨大无比。如果按照相同比例制作模型，在"太阳"和"地球"之间需要一根长750米的木棍，而代表太阳的圆的直径会长达7米，约等于你的"地球"和"月球"之间距离的4倍。

05 星星在哪里？

如果我们站在宇宙中的另一个地方观察星星，它们还会处在同一个位置上吗？

1.需要什么？

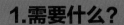

两块长方形
硬纸板

五根15厘米
长的缝纫线

一把刻度尺

五颗珠子

一枚图钉

一把圆规

胶水

胶带

2.做什么？

1 将右边的图案复制在其中一块硬纸板上。用圆规尖将每个圆点扎穿。把第二块硬纸板与第一块硬纸板摆成直角并用胶带固定住。

2 在距离垂直硬纸板约12厘米处，将图钉固定在平放的硬纸板上。将5根缝纫线的一端固定在图钉上。

3 将5颗珠子分别穿在5根缝纫线上，根据下图中标注的距离，用胶水将珠子固定在缝纫线上相应的位置上。把5根线按从左到右的顺序依次从垂直硬纸板的孔洞中穿过，并用胶水把线固定在硬纸板的背面，注意要让线绷直。

4 把这个硬纸板装置放在桌子上。接下来，请你将眼睛靠近图钉，用一只眼睛瞄看垂直硬纸板上的图形，你就会看到仙后座的样子，就像我们在地球上仰望星空时看到的那样。

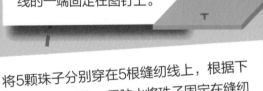

当你站在另一个位置上观看时，星星（珠子）是否呈现出同样的布局呢？

3.什么原理?

你制作的这个模型,重现了**仙后座**(W形)中每一颗星星的位置和它们之间的相对距离,而你只有从图钉处看过去才能看到这个W形。

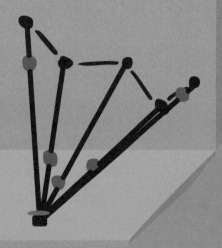

4.有什么用?

只有当我们站在地球上观察天空时,仙后座才会呈现出**W形**。而从其他任何位置上看过去,这些星星都会呈现出不同的布局。这适用于所有在天空中"勾勒"出各种图形的星座。

仙后座

06 旋转陀螺的秘密

北极星在北半天球清晰可见，似乎一动也不动。它一直都是这样的吗？

1.需要什么？

一个塑料瓶盖

一把圆规

几根火柴

光滑的平面
（桌面或地面）

2.做什么？

1 在成年人的帮助下，用圆规尖在塑料瓶盖上扎一个洞，并把它稍稍扩大。

3 在桌面上旋转这个陀螺，同时保持火柴直立。观察火柴的运动。如果火柴无法保持直立，就多试几次。

2 把一根火柴从这个洞中穿过，火柴头的一端距离瓶盖稍近。

4 然后再次旋转陀螺，这一次要斜着旋转它。火柴画出了怎样的运动轨迹呢？
（如果陀螺旋转不良，请尝试更换火柴。）

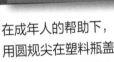

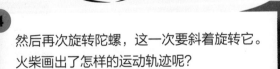

3.什么原理？

如果火柴在陀螺旋转时处于直立状态，那么陀螺就会以较为随机的方式移动。如果火柴在旋转时处于倾斜状态，那么陀螺就会在桌面上画出一个圆圈。当火柴呈铅直状态时，只要旋转的速度足够快，陀螺就会在旋转点上保持平衡。也就是说，陀螺是在围绕火柴所代表的竖直线旋转，而令陀螺移动的，是它与桌面的摩擦力。

如果火柴在陀螺旋转时处于倾斜状态，陀螺依然会保持相对于某个铅直位置的平衡：陀螺不再围绕竖直线旋转，而是在自转的同时，其自转轴（火柴）绕着竖直线旋转。我们将火柴的这种运动称为旋进，又称进动。

4.有什么用？

相对太阳而言，地球是倾斜的。地球在赤道处微微鼓起，这一区域受到太阳及月球引力的影响时，后者会试图矫正地球的倾斜，也就是要让地球变成竖直状态。在引力作用下，穿过地球两极的地轴产生旋进，地轴的北端在太空中画出一个圆锥面，绕这个圆锥面旋转一周约为25 700年。在旋进过程中，地轴的北端实际上指向天空中不同的区域。这就是为什么3 000年前的北极星是天龙座α星，而如今则是小熊座α星。而在11 500年之后，我们的后人若要找到北方，就得把目光投向位于天琴座的织女星了。

天琴座

大熊星座

07 在太阳的阴影下

大约1 000年前，土耳其苏丹凯霍斯鲁（Keyhusrev）
在心里暗自琢磨：为什么白天看不见星星呢？
有人能够解答他的疑问吗？

1.需要什么？

一根蜡烛

一个杯子

几根火柴

2.做什么？

选择一个繁星满天的夜晚，在成年
人的陪同下完成这个实验。

2

把蜡烛放在杯子里，点燃蜡
烛，然后将杯子举过头顶。

1

仔细观察天空中的星星。有的星星
熠熠生辉，有的则要黯淡一些。

现在，你还看得到那么多星星吗？

3.什么原理？

我们再也看不到那些较为黯淡的星星了。再进一步，如果观察火苗周围的天空，我们甚至连一颗星星也看不到了。

火苗的光芒照亮了飘浮在大气中的尘埃和水蒸气，这些尘埃和水蒸气会把比星星的光芒更加强烈的光线投射到我们眼中，因而降低了这些星星的能见度。

4.有什么用？

波斯医学及哲学家阿维森纳（Avicenna）曾回答苏丹凯霍斯鲁说，白天看不见星星，是因为强烈的太阳光。太阳光照亮了空气中的尘埃和细小的水珠，这些尘埃和水珠就会把比星星射出的更多的光线投射到我们眼中，因而我们就无法看到星星了。在日全食期间，如果天空中没有云彩，我们就可以像在夜晚那样看到星星了。

AVICENNA

75 GR

POCZTA POLSKA

08 星星在天空中一动不动?

如何区分一颗遥远的星辰和一个距离较近的天体?

1.需要什么?

一架望远镜
（如有必要）

2.做什么?

选择一个晴朗的夜晚，在日落后3小时内完成这个实验。

连续几晚，在日落后仔细观察布满星星的天空。

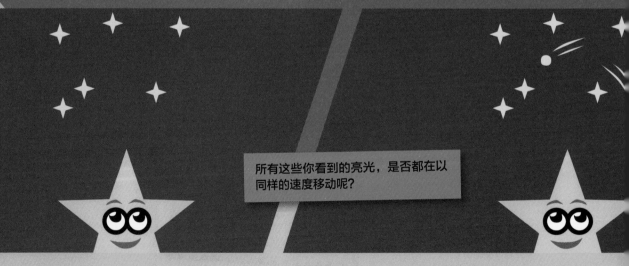

所有这些你看到的亮光，是否都在以同样的速度移动呢?

我们会看到一些跟星星一样亮的小点飞速地划过天空。这些小点有时会伴随着一种特别的声响，它们其实就是**飞机**！

3.什么原理?

运气好的话，我们能够分辨出其中的一些小亮点，它们就像移动缓慢的星星。移动最快（也最亮）的小点，在三四分钟之内划过天空，它们是**人造卫星**，只有在被太阳照亮时才能看到。这就是为什么只有在日落后的3小时内或是在日出前我们才能观察到这些人造卫星。在夜晚的其余时间里，这些人造卫星都躲在地球的阴影中。

其他的亮点（**恒星**，但有时也有**行星**）似乎在天空中一动不动，或者说移动得相当缓慢，要连续观察几个小时，才能发现它们在移动。

因此你会发现，一个移动的物体距离我们越近，看上去速度就越快。而实际上，一颗人造卫星的移动速度，要比一架飞机的移动速度快10倍，至于星星的移动速度，那就更快了！

4.有什么用?

古代的天文学家们发现，天体在天空中移动的方式和速度不尽相同。于是，他们据此划分出**五大行星**：水星、金星、火星、木星和土星，它们在天空中的不同区域不停地移动，而恒星看起来则是固定不动的，法文中"行星"（planète）一词源于希腊语，意为"游移不定的"。直到天文学家们开始测量天体与地球的距离时，他们才明白过来，这些**"游移不定的"天体**与我们的距离，要比恒星与我们的距离近得多。

智利帕瑞纳天文台（Paranal Observatory）的甚大望远镜（VLT）

09 液体中的气泡

行星和恒星都是球形的。
为什么我们从来没看到过方形的行星呢？

1.需要什么？

一个杯子　　　　　　水

食用油　　　一把咖啡勺　　　盐

2.做什么？

1 在杯子中倒半杯水。

2 在杯中倒入油，使水面上有一层1厘米厚的油。你看见水中升起了什么？

3 用咖啡勺的勺把舀一点盐，撒在油面上。

4 用勺把将盐压到油面之下，让盐沉到杯底。

5 看看有盐粒的地方发生了什么。

你看见水中升起了什么？

3.什么原理？

大大小小的气泡升到了水面上。

盐在沉入水底时，会拖着油一起下沉。因为油的密度比水小，而且无法溶于水，所以会再次浮到水面上。但油不是以任意的形状上浮的，而是以气泡的形状。油之所以会形成气泡，是因为这种形状跟水的接触面积最小。例如，一个体积为1升的油泡，其表面积为486平方厘米，而一个体积为1升的油立方体，其表面积则为600立方厘米。此外，气泡表面的任意一点距气泡中心的距离都是相同的。

4.有什么用？

恒星以及正在形成的行星，都由炽热的气体团组成。这些气体团之间存在互相吸引的引力，它令气体团的所有部分集结在一起。在集结过程中，气体团就会形成一个气泡，因为这样一来，气泡表面所有区域与中心之间的距离都是相等的。那些冷却并变硬的行星，比如地球，还有水星、金星和火星，在冷却过程中将气泡的形状保留了下来，就变成了球形天体。

金星

火星

10 月亮的阴影是怎么形成的？

弦月、凸月、满月或朔月，月亮每天都会出现，而且每天的样子都不同。

那么，是什么造成了月亮的阴影呢？

1.需要什么？

一盏手提灯或一只手电筒　　一个皮球

2.做什么？

2 举起皮球，一边看着皮球，一边在原地旋转。

1 将灯或手电放在高处，比如置物架或其他家具上，让光线照过你头顶。

你观察到了什么？

3.什么原理？

皮球始终会有被灯光照亮的一面和被阴影笼罩的一面。皮球围着你旋转，因此，只有当你位于灯和皮球之间时，才能完全看到皮球被照亮的一面。而只有当皮球位于你和灯之间时，你才能完全看到皮球的阴影部分。

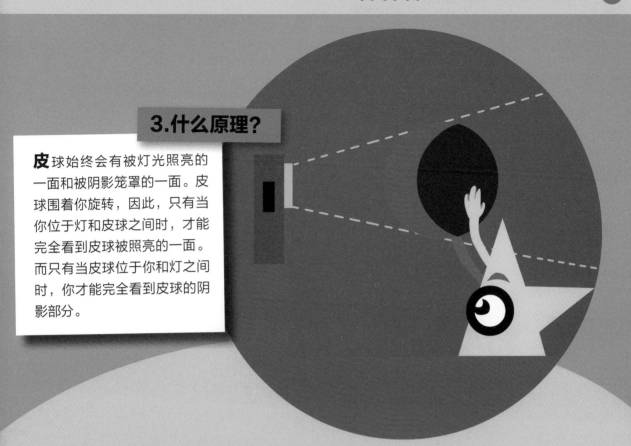

4.有什么用？

皮球代表着月亮的外观，有时我们会看到月亮面向地球的这一面完全被照亮，有时会看到它完全陷入阴影，有时又会看到它半明半暗，我们把月亮的这些不同外观称为月相。满月时，我们可以看见月亮面向地球的一面整个被照亮；新月时，月亮面向地球的一面完全陷入阴影之中；上弦月和下弦月时，月亮面向地球这面只有一半可为肉眼所见。月亮看起来不完整，不是因为有什么东西挡住它了，只不过是那一部分月亮没有被太阳光照亮罢了！

第二章

宇宙中的运动

本章讲述了发生在宇宙中的不同运动，阐释了其成因与结果，以及人类对这些运动的借鉴和利用。

自古以来，人类都想对天体的运动探个究竟。确实，每当看到一颗移动的行星或恒星，人们总会想去了解它的速度、轨迹及其运行和移动的原因。但令人类好奇的不止这些，他们还会暗自思索：说不定，一颗被认为是静止不动的行星，比如地球，也处在运动之中呢！

对这些运动的观察，首先可以让我们对天体做出精准的描述，其次可以让我们通过分析制定出历法，这些历法主要用于描述时间和了解一些规律，比如季节变化。

最后，我们可以总结出规律，借助这些规律，我们能够通过计算来预言某些自然现象的发生（日食、月食、流星等）。

古代文明已经观察到并理解了宇宙中的一些运动（比如月球围绕地球的运动），但关于这些运动的分析则常常不够完善。到了17世纪，人类借助科学的力量，确定了阴历中一个月的准确长度，以及太阳对行星移动速度的影响。

对这些运动的成因的研究，让我们得以更好地了解宇宙（构成宇宙的元素）及其成因（大爆炸理论）。

01 行星圆舞曲

行星围绕太阳旋转。难道它们安装了发动机吗？

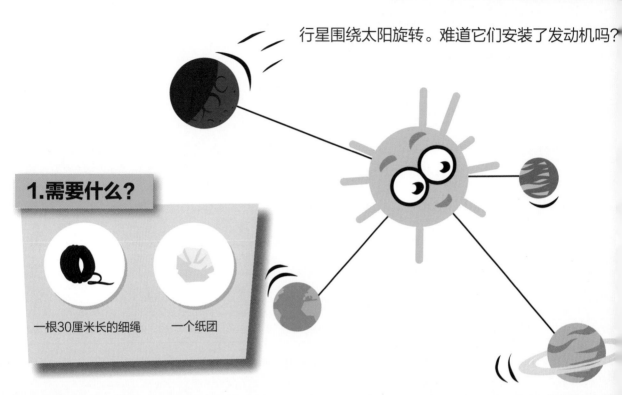

1.需要什么？

一根30厘米长的细绳　　一个纸团

2.做什么？

1 用细绳的一端绑住纸团。

2 抓住细绳的另一端，甩起纸团做圆周运动。

3 放开手中的细绳。

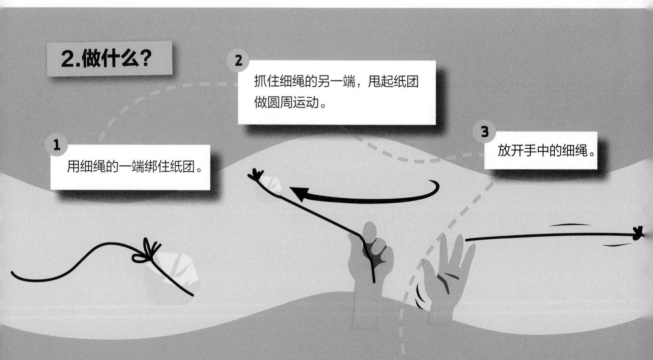

纸团在落地的过程中是否还在旋转呢？

3.什么原理?

当手抓住细绳的一端甩动时,纸团做圆周运动。

在环形轨迹的每一个运动点上,纸团都笔直地处于细绳的正前方,正如撒手时纸团的运动轨迹所展示的那样。

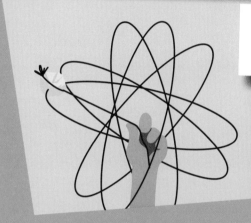

当细绳被攥在手中时,纸团无法以直线运动的方式离开,因此会做圆周运动。

4.有什么用?

把纸团比作行星,把手比作太阳,我们就能明白,假设行星没有受到太阳引力的影响,它就会以直线运动的方式离开。

太阳系中的每一颗行星都有自己的运动轨迹,如果这些行星没有受到太阳的吸引,它们就会在宇宙中直线向前。因此,正是因为太阳的引力,这些行星才会每时每刻都偏离自身的运动轨迹,围绕太阳旋转。

天然卫星(比如月球)以及人造卫星(比如通信卫星)之所以会绕着行星旋转,是因为行星拉住了它们。太阳吸引行星、地球吸引周围一切(包括我们!)的那个力,叫作引力。引力在宇宙中扮演的角色,就像实验中被攥在你手中的细绳。如果没有引力,所有的天体都将做直线运动。

02 有趣的排列

天文学家在观察行星的过程中发现，尽管这些行星围绕太阳旋转，但运行轨迹并非真正的圆形。

行星的运行轨迹会是什么形状呢？

1.需要什么？

一根32厘米长的细绳

两枚图钉

削尖的蓝色、红色、绿色铅笔各一支

一张纸

一把刻度尺

一块比纸大一些的木板

2.做什么？

1 在细绳的两端各打一个结。

2 把纸放在木板上，沿纸的长边画一条把纸一分为二的直线。

3 沿着直线，用图钉将细绳的两端分别固定在距离纸张边缘5厘米的地方。

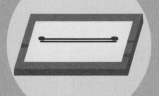

4 把蓝色铅笔的笔尖放在纸上，并让笔尖把细绳绷紧，然后在细绳保持绷紧的同时，用铅笔在纸上旋转画圈。

5 将两枚图钉移近，依次距离纸张边缘7厘米和9厘米，然后分别用红色铅笔和绿色铅笔按照上一步骤中的方法，在纸上旋转画圈。

你看到了什么？

3.什么原理？

当两枚图钉距离较远时，铅笔画出的长圆形较扁，随着两枚图钉距离越来越近，长圆形就越来越"鼓"，到了最后，铅笔几乎画出了一个正圆。

铅笔画出的这种长圆形叫作椭圆。正圆只有一个圆心，而**椭圆**有两个焦点，也就是实验中的两枚图钉。当两个焦点无限接近到几乎重合时，铅笔就好像围绕一枚图钉旋转似的，画出了一个接近圆的形状。

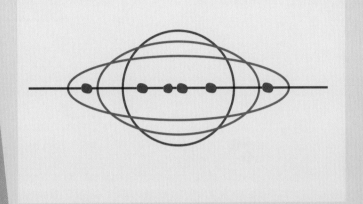

4.有什么用？

太阳系的行星沿着椭圆形的轨迹围绕太阳旋转，这个轨迹近似正圆形。太阳构成了椭圆的焦点之一，另一个焦点不过是我们为了描绘行星轨道而想象出的一个点。

两个焦点相隔的距离越远，椭圆就越扁，水星和海王星就是如此。而地球呢，它的椭圆焦点相距较近，其轨道也更圆。地球与太阳之间的平均距离约是1.5亿千米。

03 一切都在旋转，一切都在移动

地球会自转，同时围绕太阳旋转。这是否是地球唯一的运动呢？

1.需要什么？

一根缝衣针

一根吸管

一块木板

一个罐头瓶盖

一张纸

一支签字笔

几颗小珠

一根长铁钉

一把40厘米长的刻度尺

一把剪刀

2.做什么？

1
按照图中所示，从木板的中心（两条对角线相交之处）出发，画一个螺旋。

2
请一位成年人帮忙在木板和瓶盖上各戳一个洞，把铁钉从洞中穿过。把小珠放在瓶盖里，然后按照图中所示，把你的模型放好。

3
在纸上剪一个小圆片，然后剪一截比缝衣针短一些的吸管。把圆纸片和吸管穿在缝衣针上，然后把这根"全副武装"的缝衣针插在螺旋的外圈旋臂上。

4
把你的模型放在桌边，旋转圆纸片，然后旋转木板。借助刻度尺，沿着桌边推动瓶盖，同时，成年人沿直线推动桌子。

你制作出了我们所在宇宙的一部分的活动模型！

3.什么原理？

圆纸片代表的是太阳系，我们的地球围绕太阳（缝衣针）旋转，一年绕太阳转一圈。我们的太阳系位于一个名叫"**银河系**"的（旋涡）星系的一条旋臂上。太阳跟银河系里的其他恒星一样，受到银河系中心的引力吸引，以极快的速度移动，围绕星系中心转一圈的时间约为2.5亿年。银河系是一组星系（称为**本星系群**）中的一部分，这组星系又属于一个由多组星系构成的超星系团（桌子）。这个超星系团也在旋转，而且似乎在朝着宇宙中的某个吸引点移动，我们把那个点称为**巨型吸引子**。

4.有什么用？

正是在观察恒星的过程中，天文学家才最终意识到它们在动，太阳也在动，而我们在跟着太阳动，虽然我们对此毫无察觉。这有点像在一列奔驰的火车上，我们会认为是窗外的风景在动。

猎户座星云

NGC 2207 和 IC 2163 旋涡星系

04 一个膨胀的宇宙！

关于宇宙的故事，哪个版本是天文学家认为最具真实性的版本？

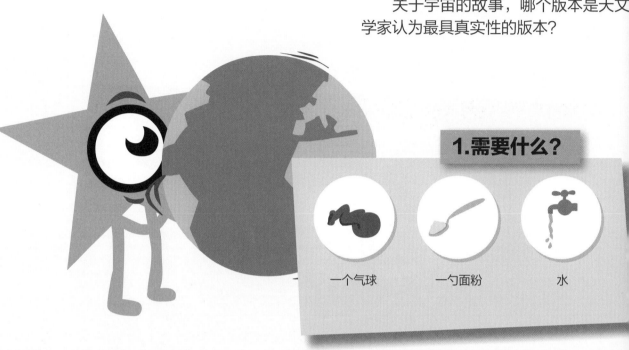

1.需要什么？

一个气球　　一勺面粉　　水

2.做什么？

1
用水把气球打湿，然后把面粉撒在气球表面。

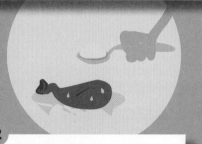

2
把气球吹鼓一些，看着它。

3
继续吹气球，时不时看看它，观察它是怎么膨胀起来的。

面粉斑点变成了什么样子？

3.什么原理？

气球表面上的面粉块分得越来越开，但是某些区域的面粉块仍然很厚实。

随着空气灌入气球，气球的弹性外壁渐渐撑开，面积越变越大。附着在弹性外壁上的沾了水的面粉块也随之移动，并逐渐分离。但是，因为在一开始时气球表面的某些区域沾的水较多，附着的面粉也较多，因此这些区域在气球撑开过程中就保留了更多的面粉块。

4.有什么用？

大多数天文学家所设想的宇宙，都类似于实验中沾了面粉的气球。最初，宇宙中所有的物质都紧缩在一个很小的空间内。接着发生的暴胀，也就是著名的"大爆炸"，令宇宙中的物质四散开来，并令宇宙自身的大小扩大到了今天的规模。大爆炸大约发生在140亿年前。接着，物质块在引力的作用下互相吸引，逐渐形成了恒星、行星和星系。

旋涡星系 NGC 4603

旋涡星系 NGC 4603

05 月球在自转吗？

因为我们总是看到月球的同一面，所以会觉得月球不存在自转。是这样的吗？

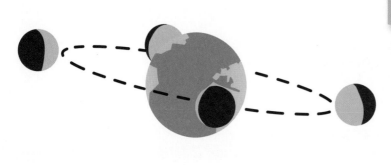

1.需要什么？

一个带标签的   一把椅子
塑料瓶子

2.做什么？

这个实验需要两位朋友协助完成。

1
把塑料瓶放在你的头顶，标签对着椅子。

2
让一位朋友退开，背靠墙站着；另一位朋友坐在椅子上。两位朋友都要看着你头顶上的瓶子。

3
你自己站在距离椅子2米远的地方，然后绕着椅子走一圈，在此过程中使瓶子的标签始终对着坐在椅子上的那位朋友。

问问你的两位朋友，在注视瓶子时发现了什么？

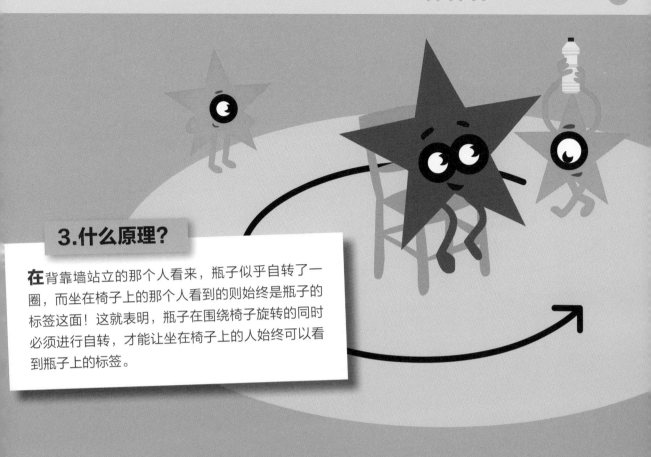

3.什么原理?

在背靠墙站立的那个人看来,瓶子似乎自转了一圈,而坐在椅子上的那个人看到的则始终是瓶子的标签这面! 这就表明,瓶子在围绕椅子旋转的同时必须进行自转,才能让坐在椅子上的人始终可以看到瓶子上的标签。

4.有什么用?

月球绕地球公转一圈大约需要27天。我们发现,我们看到的始终都是月球的同一面,这就说明月球在围绕地球公转的同时也在自转。同样,地球每24小时自转一圈,同时每年围绕太阳公转一圈,因此,地球每年转的圈数就是: 365圈自转 + 1圈公转。

06 月球和我们一起旋转！

月球绕地球旋转一圈需要多长时间？

1.需要什么？

硬纸板

一把圆规

一把剪刀

一把40厘米长的刻度尺

削尖的蓝色、红色、绿色铅笔各一支

一张格子纸

2.做什么？

1 用硬纸板剪出一个如图中所示的圆片，然后在圆片上画两个点。

3 cm

2.5 cm

2 在格子纸上画出以下图形。

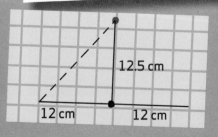

12.5 cm

12 cm　12 cm

3 把硬纸板圆片放在左边的横线上，令圆片上的两个点与虚线在一条直线上。

4 如图，沿着放置在上方的刻度尺滚动硬纸板圆片，直到圆片上的两个点再次与格子纸上的蓝色点处在一条直线上。

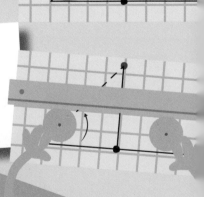

圆片上靠近外侧的那个点是不是转了一圈？

3.什么原理？

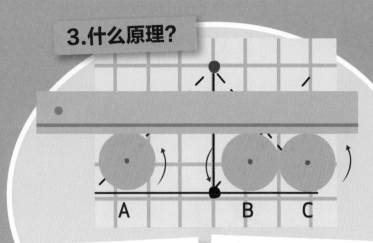

为了与圆片的中心红色点和格子纸上的蓝色点再次排成一条直线，圆片外侧的绿色点转了一圈还多！如果我们将圆片中心的红色点视为地球，绿色点视为月球，格子纸上的蓝色点视为太阳，那么我们会发现，在这三个天体前后两次连成一线的过程中，月球围绕地球转了整整一圈还多。

在月球围绕地球公转的同时，月球和地球又都围绕太阳公转。在圆片从A到B的这段时间内，月球用了大约27天8小时的时间绕地球公转了一圈。在圆片从A到C的这段时间内，月球用了大约29天13小时的时间恢复到了之前的月相（比如满月），这就是**阴历中的一个月**。

4.有什么用？

3 000多年前，中美洲的玛雅人精确地计算出了两个相同月相之间的间隔时间。古巴比伦人在2 300多年前得到了相同的结果，而他们的计算结果此后又被古希腊人、古罗马人、阿拉伯人然后是欧洲人沿用。直到地球绕着太阳转成为人所共知的公理之后，现代天文学家才得以计算出月球绕地球公转的确切时间。

07 月亮和太阳躲猫猫

我们是怎么知道月球比太阳离地球更近的？

1.需要什么？

一把40厘米长的刻度尺

2.做什么？

仔细观察下面的三幅图，想象绿色的圆点和灯泡在围着你转。在每一幅图中，圆点和灯泡相对于你的位置都有所不同。

图1

图2

图3

绿色的圆点是否比灯泡离你更近？

3.什么原理？

如果圆点看上去是浅绿色的，那是因为它被照亮了；如果圆点看上去是深绿色的，那是因为它处在阴影之中。如果圆点处在阴影中，并与灯泡同侧（图1，图A），那是因为圆点比灯泡离你更近。事实上，如果圆点比灯泡离你更远，那么当它与灯泡同侧时，你看到的就应该是它被照亮的一面（图B）。图3展示的是灯泡被圆点挡住的掩食现象（躲猫猫），这就证明圆点比灯泡离观察者更近。

图 B

图 A

4.有什么用？

从古巴比伦人到玛雅人，以及非洲、亚洲或欧洲的古人，所有的人类文明都通过月相和日食、月食认识到，月亮比太阳离地球更近。实际上，当月亮与太阳都位于地球同侧时，月亮就会处在阴影之中（就像实验中的绿色圆点），而当月亮处在太阳和地球之间时（三个天体排成一线），就会把太阳遮住。

08 日月食的圆舞曲

差不多每个月，月球都会从地球和太阳之间经过，以及（在太阳看来）从地球背后经过。

那么，为什么月食和日食不是每个月发生一次呢？

1.需要什么？

一个装满水的盆子

一个网球

一个乒乓球

一个小圆珠

一把圆规

一张边长为15厘米的正方形瓦楞纸板

一把剪刀

黏合剂

2.做什么？

1

用硬纸板剪一个半径为7.5厘米的圆片，然后在圆片中央剪一个乒乓球大小的圆孔。这样你就得到了一个圆环。

2

把乒乓球卡在圆环的中心，然后用黏合剂把乒乓球固定住。在圆环的边缘处切一个可以卡住小圆珠的凹口，然后用黏合剂把小圆珠固定在那里。

3

让网球漂浮在装满水的盆子中央，同时使硬纸板圆环沿着盆子的边缘漂浮并保持倾斜。此时网球代表太阳，乒乓球代表地球，小圆珠代表月球。

4

沿着箭头1的方向让"地球-月球"圆环围绕"太阳"转动，并让硬纸板圆环保持某个明确的倾斜角度，比如指向天花板的角落。在"地球"围绕"太阳"旋转的同时，让"月球"沿着箭头2的方向围绕"地球"旋转大约12圈。

3.什么原理?

硬纸板圆环围绕盆子旋转一圈，小圆珠与网球、乒乓球真正排成一线的时候只有两次。实际上，月球围绕地球的旋转，跟地球围绕太阳的旋转并没有处在同一个平面上。这就是为什么我们在实验中要让圆环保持倾斜。这同时也解释了为什么月球并不常常与地球和太阳排成一线：每年大约两次。在这两次中，要想形成**月全食**，月球就必须相对太阳而言，恰好处在地球的背后；同样，要想形成**日全食**，月球就必须处在地球和太阳之间。这可不常见。

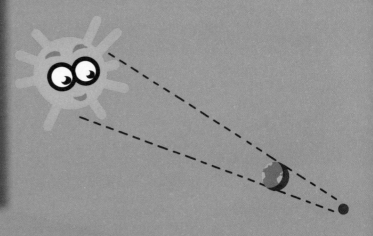

4.有什么用?

在地球上，我们每6个月左右才能观测到一次月食与日食。日食、月食并非总是出现在每年的同一时刻和同一地点。实际上，尽管月球围绕地球的公转和地球围绕太阳的公转非常规律，但是这些天体的旋转速度却大相径庭。在地球上，每个可以看到满月的地方都可以观测到月食，但由于发生日食时月球在地球上的本影非常小，因此日全食的观测地点则仅限于地球上的一个狭长区域内（而且每次发生日全食时都会改变），这当然是有规律可循的，但观测周期相当漫长。整个20世纪，在法国本土可以观测到的日全食只有3次：1912年4月17日、1961年2月15日和1999年8月11日。

09 离得越近，转得越快

不同的行星与太阳之间的距离也不相同。
这些行星是否以同样的速度旋转呢？

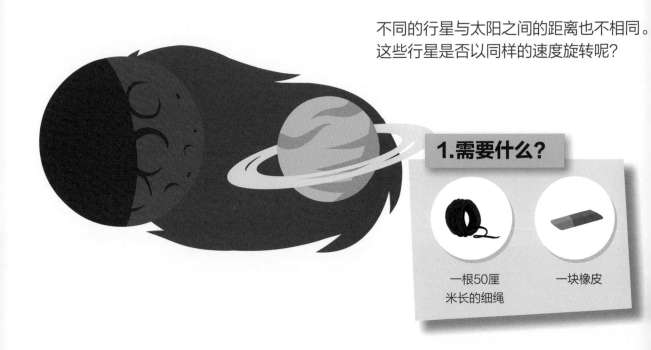

1.需要什么？

一根50厘
米长的细绳

一块橡皮

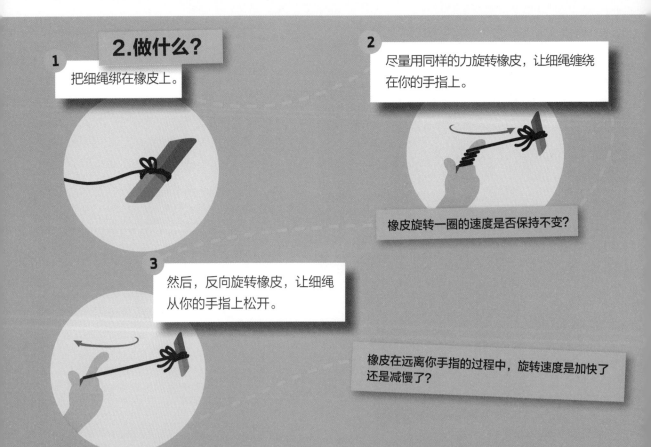

2.做什么？

1 把细绳绑在橡皮上。

2 尽量用同样的力旋转橡皮，让细绳缠绕
在你的手指上。

橡皮旋转一圈的速度是否保持不变？

3 然后，反向旋转橡皮，让细绳
从你的手指上松开。

橡皮在远离你手指的过程中，旋转速度是加快了
还是减慢了？

3.什么原理？

橡皮在接近手指的过程中，旋转速度加快；橡皮在远离手指的过程中，旋转速度减慢。

橡皮在接近手指的过程中，细绳在旋转中划出的圆圈的周长在不断缩小。当细绳的长度只剩下25厘米（初始长度的一半）时，橡皮要在同等时间内走完同样的距离就需要转两小圈，因此旋转速度比刚开始时要快。而在远离手指的过程中，橡皮的旋转速度之所以会减慢，是因为细绳变长了，因此橡皮划出的圆圈也随之变大了。

4.有什么用？

行星在各自的**轨道**（围绕太阳公转的轨迹）上旋转时，离太阳越近，速度就越快；离太阳越远，速度就越慢。德国天文学家开普勒首开先河，在17世纪初观察到了这个现象。

约翰内斯·开普勒
（ Johannes Kepler ）

10 黑子的赛跑

地球和太阳系里的其他行星都在一边自转，一边围绕太阳公转。而其实太阳也会自转。那么，天文学家是怎么意识到这一点的呢？

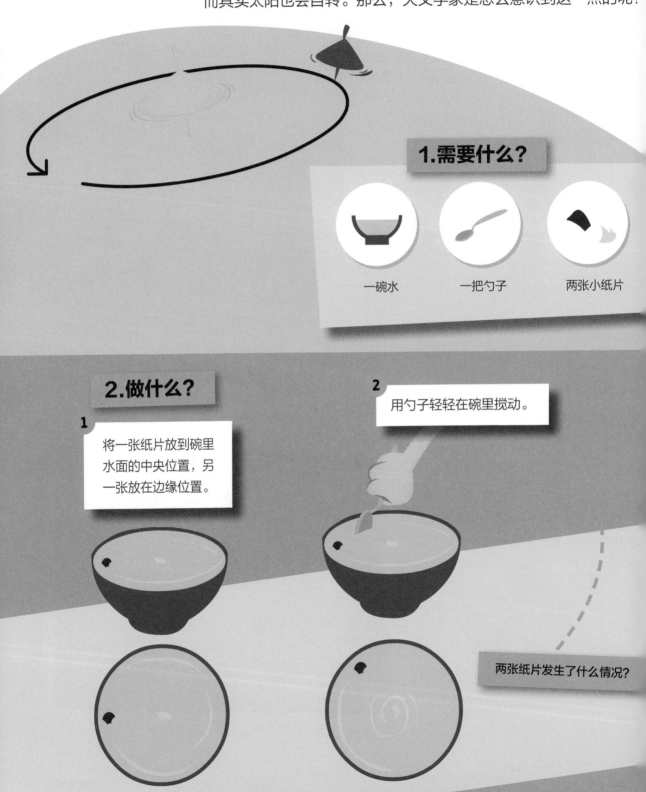

1.需要什么？

一碗水

一把勺子

两张小纸片

2.做什么？

1 将一张纸片放到碗里水面的中央位置，另一张放在边缘位置。

2 用勺子轻轻在碗里搅动。

两张纸片发生了什么情况？

3.什么原理？

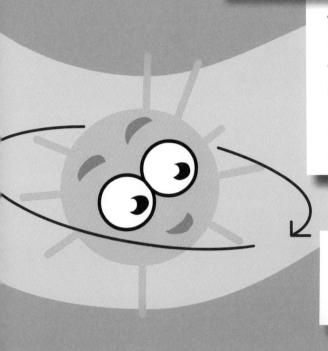

两张纸片随着碗里的水转动，但速度不同。边缘处的纸片转得比中央的纸片要慢。带动边缘纸片转动的水会因与碗壁的摩擦而减速。与实心球的转动相反，流体（气体或液体）在不同的地方，转动的方式也不同，在流体与之发生摩擦面积越大的区域，速度减缓得越明显。

天文学家观察太阳表面的黑子时，发现这些太阳黑子会转动，于是据此断定太阳也会自转。

4.有什么用？

太阳黑子是太阳表面一些温度较低的区域，从这里发射的光线较少，因此显得比周围的区域更暗。在17世纪，最早一批观察到太阳黑子的天文学家发现，这些黑点会从左向右缓慢地移动。后来，这些天文学家计算出了这个星球自转一圈的时间约为27天。实际上，太阳赤道处自转一圈约为25天，两极则约为30天。

第三章

探索宇宙的技术

人类自古就对宇宙心向往之，而为了了解宇宙，弄懂宇宙的成分，解释宇宙的运转，人类很早就开始使用一些奇妙的观察方法。但这些方法还不够，于是，随着人类科技的发展，不同的工具和设备陆续出现，目的都是同一个：揭开宇宙的神秘面纱。

随着时间的流逝，尽管对绝大部分正在研究的天体，人类都未曾踏足，但人类依然揭晓了宇宙的一部分奥秘！比如月球的直径、土星环的环缝、恒星和行星的形成、它们之间的距离以及它们与地球的距离，等等。这些发现有时会催生出实用技术，比如太阳在地平线上高度的计算结果，就被航海家们用来在海上进行定位。

在本章中，通过一些多少有些复杂的观察方法和工具，我们可以获得了解宇宙的新途径。

01 月球的大小

月球距离地球大约40万千米。
我们能不能在地球上测量出月球的直径呢？

1.需要什么？

一根线　　　　一把透明刻度尺

2.做什么？

这个实验需要在满月的夜晚完成。

2

把刻度尺举在距离你眼睛40厘米的地方（借助线），并透过有刻度的部位瞄向月球。数一数月亮直径的毫米数。你已经知道，月球距离地球大约40万千米，那么，根据你看到的刻度就可以推算出月球的直径大致是多少了。

1

把线系在刻度尺上，留出40厘米长，剪去多余的线。

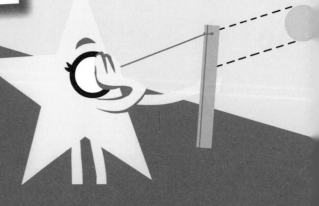

3.什么原理？

月球的直径在刻度尺上的读数约为0.4厘米（4毫米）。因为你是在刻度尺距离眼睛40厘米（也就是100 × 0.4厘米）的地方获得这个读数的，所以，月球看起来就是这个长度的100分之一。

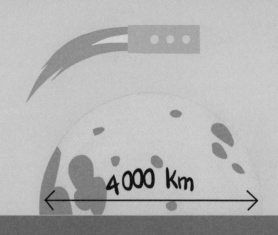

4000 km

因为月球距离你的眼睛比刻度尺距离你的眼睛要远10亿倍（40万千米＝400亿厘米），所以月球的真实大小就是0.4厘米的10亿倍。因此，月球的直径就约为4亿厘米，也就是4 000千米。

4.有什么用？

天文学家在观察恒星和遥远的星系时，首先会使用通过天文望远镜观测到的数值来描述它们的大小。当他们使用这个首要的观测值与其他天体的大小进行比较时，就会获得宝贵的数据。

土耳其坎迪利（Kandilli）天文台

02 在公海上定位

在公海上陷入困境的船只，可以向援救方发送自己的准确位置。
这些船只是怎么做到这一点的呢？

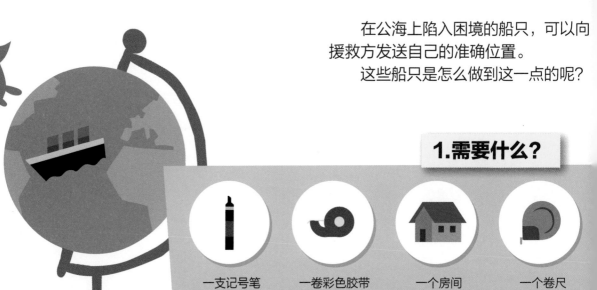

1.需要什么？

一支记号笔   一卷彩色胶带   一个房间   一个卷尺

2.做什么？

1
你站在房间的一角，沿墙壁测量1米的距离，然后在地上贴一段彩色胶带作为标记，并为其编号。重复这个过程，直到墙壁的另一端。

2
回到起点处，沿另一面墙壁开始以上步骤。这一次，按照字母顺序，在每段贴有彩色胶带的地方标注一个字母。

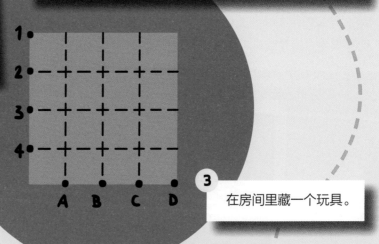

3
在房间里藏一个玩具。

你如何在只提供两个信息的情况下，为你的朋友指出藏玩具处的大概位置呢？

3.什么原理？

你只需要告诉你的朋友玩具所处位置的字母和数字就可以了（比如A-4，C-2）。这类用来指出玩具所在位置的字母和数字，称为**坐标**。在一个平坦的表面上，只需要两个坐标就可以定位一个点，这种定位系统称为**直角坐标系**。在海战和国际象棋中都会用到这种定位原则，城市地图中也会用到。

4.有什么用？

在查看世界地图或地球仪时，我们可以看到，地理学家们用平行和垂直的线条把地球分成若干小块：纬线是跟赤道平行的圆环，经线从两极穿过。一艘在汪洋中航行的船只，只须利用手中的工具（指南针、罗盘或是卫星联络）找到自己所在位置的经纬线交点，就可以完成定位了。

03 靠天航行

我们能知道自己距离北极有多远吗?

1.需要什么?

你的手

6月21日下午2点的太阳

2.做什么?

这个实验需要在6月21日下午2点时,选择一个天际线没有太大起伏的开阔地进行。

1 你面向太阳,向前伸出一只胳膊,手指并拢,手掌与地面垂直。闭上一只眼睛,数一数天际线和太阳之间的距离相当于几只手的宽度(高度)。

2 要计算你与北极之间的距离,只需将第1步得到的手的数量乘以10,然后再把得到的结果乘以110。

3.什么原理?

地理学家们将环绕地球的圆切分为360度,这就是我们在这个实验中用来测定太阳在天空中位置的依据。地球赤道的周长约为4万千米,我们可以通过计算(40 000除以360)得出,1度大致相当于110千米。因此,法国北部与北极的距离就大约为4 400千米:40(度)x 110(千米)。

当你伸出手臂时,手掌宽度所覆盖的视线角度约为10度,可以用来测量任意一处的角度。在赤道,太阳垂直照射地面,从天际线到太阳的距离约为9只手(90度)。在北极,太阳在你的正对面,临近天际线,从太阳到天际线的距离为0只手(0度)。在法国的北部,这一距离为4只手(40度);在法国的南部,这一距离为5只手(50度)。

4.有什么用?

早在古巴比伦时期,那里的水手就已经学会利用正午的太阳(或是夜里的月亮、行星和恒星)距离天际线的高度,来计算自己与北极和赤道(纬度)之间的距离。

古人发明了许多用来定位的工具。今天的航海家,则可以通过卫星来进行精准的定位。

04 全靠气体！

航天员在进入太空时，会待在太空船的近旁，并且跟太空船以同样的速度移动。

航天员怎么才能远离太空船，并且在没有支撑物的情况下返回原来的位置呢？

1.需要什么？

一个带盖子的塑料筒

一把圆规

醋

一盆水

小苏打

一张多用纸抹布

2.做什么？

1 往塑料筒中灌入半筒醋。

2 用圆规尖在瓶盖的中间戳一个小孔。

3 用多用纸抹布做一个小纸包，里面装满小苏打。

4 将小纸包快速扔进塑料筒中，盖上瓶盖，再将塑料筒放在装满水的盆里。

塑料筒怎么样了？

3.什么原理?

塑料筒中开始冒出气泡,并且开始向冒泡方向的反方向移动!醋和小苏打在相遇时发生了化学反应,释放出气泡,也就是气体。这些气体飞快地从瓶盖上的小孔中逃逸出来,就好像塑料筒在向后喷射气体,推着塑料筒朝着相反的方向移动。

4.有什么用?

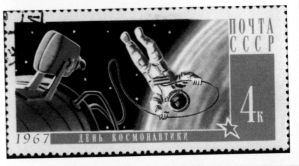

1961至1984年间,航天员在进入太空时,会通过一根缆绳与太空船钩挂在一起。从1984年2月开始,航天员借助一把"太空椅",上面装有24个灌有压缩气体的火箭发动机,可以到达距离太空船100米远的地方。气体的喷射可以由航天员来控制,航天员通过选择气体喷射的方向,达到向反方向移动的目的。

05 天体的红色反光

我们怎么才能知道某个物体是在
远离还是在靠近我们呢？

1.需要什么？

你的耳朵　　　一条有汽车
　　　　　　　开过的道路

2.做什么？

1 聆听一辆大致以匀速从你面前驶过
的汽车的声音。

2 比较汽车在靠近时和远离时发出的
声音。

3.什么原理？

汽车在靠近时发出的声音比在远离时发出的声音要更加尖细。

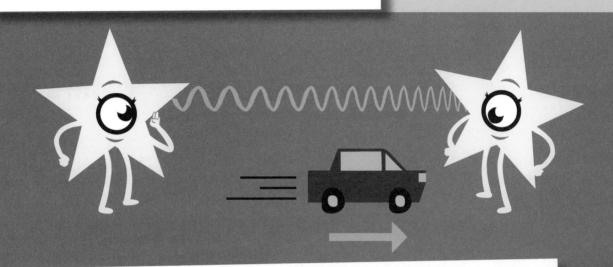

声音以波的形式（声波）在空气中移动，有点类似于我们往水里投一颗石子后，涟漪一圈圈向外扩散。汽车在靠近时，它发出的声波波长会缩短，就好像被压缩了一样，因此声音会变得更加尖细。汽车在远离时，波长会变长，就好像被拉长了，于是声音就变得低沉。

4.有什么用？

光线也以波的形式传播。如果一个星系正在远离我们，它发出的光的波长就比它在靠近时的要长。在人类肉眼可见的光线中，波长最长的是红光，最短的是蓝光。正因为如此，一个物体在宇宙中远离我们的速度越快，它发出的光就会变得越红。这个现象是由多普勒（Doppler）在19世纪中期发现的。后来，天文学家们发现，一个物体在空间中离我们越远，发出的光就会越红（这意味着它远离的速度就越快），而且几乎所有的星系都在相互远离。基于这些观察结果，天文学家们提出了一个新的假设：宇宙在不停地变大，这也就是我们所说的宇宙膨胀理论。

06 恒星都在我们看到的位置上吗?

我们在天空中看到的恒星都在我们看到的位置上吗?

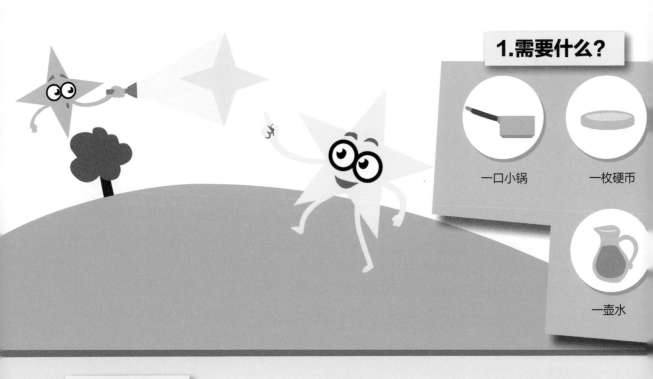

1.需要什么?

一口小锅

一枚硬币

一壶水

2.做什么?

这个实验需要两个人来完成。

1 把小锅放在桌子上,然后把硬币放在锅底。请你的朋友向后退,直到小锅的边缘遮住硬币。

2 把壶中的水慢慢倒入锅中。

你的朋友观察到了什么?

3.什么原理?

在锅中没有水的时候,我们看不见硬币,而在倒入水之后,我们就可以看见硬币了。

这是因为,在锅中倒入水之后,硬币反射的光线发生了偏离,我们称这种现象为折射。当光线穿过不同的介质(比如水和空气)时就会出现这种现象。

硬币反射的光线

4.有什么用?

当一颗恒星的光芒穿过大气时,就会出现同样的现象——**大气折射**,因此,我们看到的恒星其实并不在这个位置上。比如,傍晚时分,当我们看到落日的光轮底部碰触到地平线的时候,太阳其实已经坠到地平线以下了,我们之所以还能看见它,就是因为太阳光穿过厚厚大气层时发生了折射。

07 在行星之间跳跃

太阳系里的所有行星吸引它们表面物体的引力的大小是不一样的。

如果在行星之间跳跃，我们如何能知道自己的重量呢？

1.需要什么？

一把椅子　　一个装满半包书的背包

2.做什么？

这个实验需要跟两位朋友一起完成。

1
你的星际旅行从距离太阳最近的行星水星开始。为此，你需要站在椅子上，然后跳下来。在你跳落的过程中，你的身上几乎没有负重的感觉，这跟我们在水星上的感觉相似。

3
接着，你可以选择土星、天王星或海王星。这时你需要背上装着书的背包。实际上，在这些行星上，一个体重50千克的人会变成60千克。但是，我们在这些行星上是无法站稳脚跟的，因为它们是气态行星。

2
继续你的旅行，从地球或是金星开始。这一次不需要跳跃，或者添加什么东西，你在金星上的重量跟在地球上的重量几乎是一样的。

现在来到木星上。为此，你需要用肩膀扛起你的一位朋友，并请你的另一位朋友站在椅子上，用手压在第一位朋友的肩膀上。实际上，人的体重在木星上会增加1.5倍。

5

在返回地球之前，我们再到火星上走一遭：你往前走，同时让你的两位朋友架着你的双臂。虽然一个在地球上重量为30千克的人在火星上的重量不会超过10千克，但还是要以地面为支撑的！

3.有什么用?

重量是由重力产生的（行星对它上面的一切物体产生的引力）。这种引力取决于行星与物体的质量和物体与行星中心的距离。这就是为什么我们在木星上的体重会是在地球上体重的2.5倍。因为木星的质量是地球的300多倍，而且这颗巨行星的表面到中心的距离，是地球表面到地心距离的11倍。

木星

08 土星环的发现

土星以土星环而闻名。
但是，土星环的发现却不是一件容易事。

1.需要什么？

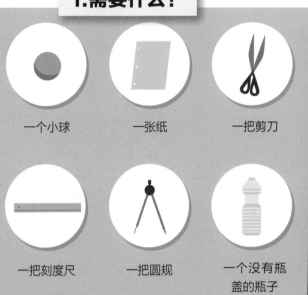

一个小球　　　一张纸　　　一把剪刀

一把刻度尺　　一把圆规　　一个没有瓶
　　　　　　　　　　　　　　盖的瓶子

2.做什么？

这个实验需要两个人完成。

1
在纸上分别剪一个直径为10厘米的圆盘和一个边长为10厘米的方块，在圆盘和方块的中央各剪一个半径为2厘米的圆孔。

2
让你的朋友坐在椅子上，距离桌子约4到5步。把瓶子放在桌子上，把小球放在瓶口上。

3
在你朋友看不见的情况下，把圆盘或方块套在小球上，注意使其保持水平。

4
问问你的朋友，套在小球上的是圆盘还是方块。你的朋友能猜得出来吗？更换一下套在小球上的圆盘或方块，让你的朋友再猜一次。

你的朋友怎样才能确保自己猜得中答案呢？

3.什么原理?

我们很难猜出套在小球上的纸片形状,因为纸片很薄,所以从侧面看过去就像是一条线。为了确保猜得中答案,必须从上方或下方看向小球。

4.有什么用?

1610年,意大利的天文学家伽利略(Galileo)拿起望远镜(没有现在的望远镜看得那么清楚)朝土星看去。他发现有两颗巨大的卫星在围绕这颗行星旋转。但是两年后,这两颗卫星消失了……直到45年以后,荷兰学者惠更斯(Huygens)才对这一消失现象提出了解释:伽利略看到的是两个环,我们看到这两个环时,有时是从上方,有时是从下方,有时是从侧面。在只能从侧面看到这两个环的这段时间(每隔14年发生一次),环只有几千米粗细,而地球和土星之间的距离超过10亿千米,因此地球上的观测者无法看到它们。

土星

09 尘埃结块会发生什么?

宇宙中充满了尘埃和气体。
恒星和行星是如何由这些尘埃形成的呢?

1.需要什么?

一杯水

一把咖啡勺

些许面粉

2.做什么?

1
用咖啡勺把面粉撒在杯里的水面上。

2
观察杯子里发生了什么。

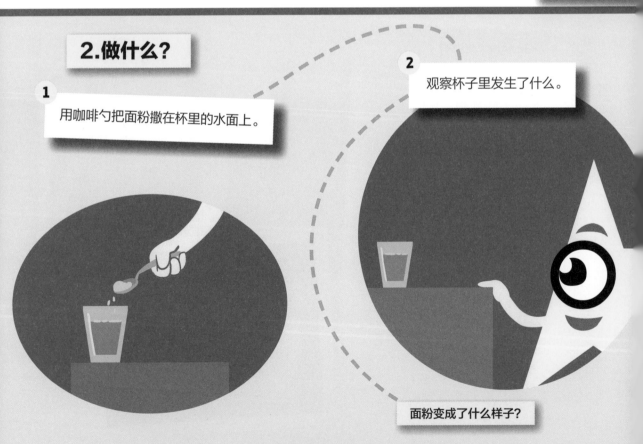

面粉变成了什么样子?

3.什么原理？

一开始，面粉漂浮在水面上，形成像皮肤一样的覆盖层。接着，面粉会慢慢地结成颗粒，要么是像一粒粒米粒似的，要么是结成小团块的（结块）。

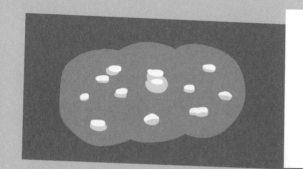

因为面粉无法完全溶于水，所以面粉颗粒只有表面会粘上水，因此，这些结块也只有表面是湿的，内部依然干燥。它们会在周遭的水的推动下粘结成片，形成水膜一样的"皮肤层"。

4.有什么用？

当一片由尘埃和气体构成的云团在宇宙中形成时，浓度较大的区域就会通过引力把周围的区域吸引过来。正是引力让物体掉落在地球上，让月球受到地球的吸引，让地球受到太阳的吸引。根据大小、密度和构成物质的不同，尘埃结块之后会变成恒星或行星。在气体与尘埃结块过程中，一些气体原子会释放出热量，因此形成的恒星的中心温度极高。

NGC 604 星云

10 黑洞，热量的吞噬者？

我们经常听到"黑洞"这个词。
黑洞是什么？我们可以看见黑洞吗？

1.需要什么？

两只一模一
样的杯子

一张白纸

一张黑纸

胶带

一把剪刀

水

2.做什么？

在阳光明媚的天气里，进行以下实验。

1

用修剪得大小合适的白纸包住一只杯子，用黑
纸包住另一只杯子，纸的高度需超出杯口，
用胶带固定。

3

30分钟之后，打开杯盖，再次把手指放入水中感
受温度。

2

在两只杯子中倒入等量的水。用手指感受水的温度，然
后把两只杯子放在阳光下的水泥地上，同时把超出杯口
的纸折起来，形成杯盖。

你有什么发现？

3.什么原理?

包黑纸的杯子中水的温度比包白纸的杯子中水的温度高！这就说明，黑纸从太阳那里获得的热量比白纸获得的多。

白纸会反射太阳光，而黑纸则吸收了所有接收到的太阳光，并吸收了其中的热量。

4.有什么用?

一些恒星在死亡时会发生坍缩，并变成巨大的致密物质，称为"黑洞"。黑洞的引力如此之大，以至于连其自身发出的光都无法逃脱出去，而且从它们身边经过的一切也都无法逃脱，包括光线，所以，我们无法看见黑洞。通过观察宇宙星系中的恒星以极快的速度绕着某个中心旋转的区域，天文学家们探测到并发现了黑洞的存在。在黑洞的周围，被吸收的物质会产生巨大的热量，并发出大量的X射线。

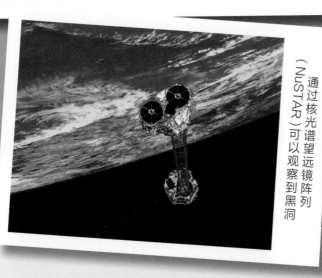

通过核光谱望远镜阵列（NuSTAR）可以观察到黑洞

第四章

宇宙中的时间梯级

　　每次在宇宙中发现新的天体，都是科学上的一次进步。但该给这些天体起什么样的名字呢？世界各地的研究人员必须就此达成共识：使用同一个且唯一的名字，这个名字通常由数字、古名、专属名等要素构成。

　　描述恒星和行星，计算它们的大小、直径、密度、体积……这些都是为了更好地了解宇宙，比如，月球和太阳看起来一样大，所以我们才能观察到日全食、月全食。那些巨大的行星（木星、土星……）的密度，是由它们的本质而不仅仅是大小决定的。

　　所有对宇宙的测量都很重要，而当"千米"这个单位不再具有意义的时候，天文学界就不得不创造出专门的测量单位。比如光年和秒差距，就是用来测量距离的单位，可以用于估测距离地球最远的天体的位置。全世界的天文学家都在使用这些单位。

　　从"光年"这个词可以看出，在天文学上距离是以时间的形式来计算的。我们看到的天体光线和辐射并不总是在现在产生的，有些是在数十亿年前就产生了的。从这一点来看，宇宙就像是一扇通往过去的门！

01 宇宙中天体的名字

宇宙中的每一个天体都有一个名字。
天文学家是怎么为它们起名字的呢?

1.需要什么?

银河系
Voie Lactée

星系
Galaxie

星座
Constellation

星团
Amas stellaire

小行星
Astérïde

类星体
Quastar

星云
Nébuleuse

超新星
Supernova

2.做什么?

请在下列词语或解释中选出与上述8种宇宙中天体的名字相匹配的项:

- 法语中"牛奶"(lait)一词的词源,可追溯到希腊语中的"galactos"。

- "stellar"在拉丁语中意为"恒星"。

- 我们的恒星——太阳,是银河系星群的一分子。

- 法语中的"雾"(brouillard),在拉丁语中是"nebula"。

- 在希腊语中,恒星(甚至宇宙中所有的物体)叫作"astron"。

- 在拉丁语中,"nova"意为"新的"。

3.什么原理？

星系，是一个聚集了上亿颗恒星的整体，这些恒星围绕星系核心旋转。第一个为世人所承认的星系，就是太阳所在的**银河系**；之所以称其为**银河系**，是因为它在夜空中就像一根白色的带子（银河）。**星座**，就像一幅在天空中勾勒出某些恒星的图画。

小行星，是类似于天体的岩石块。最著名的小行星，要数那些穿梭在火星和木星之间的成千上万块岩石，我们也称其为**微型行星**。

类星体（**Quasar**），是英文中"quasi-stellar"的缩写，意为"类似一颗恒星"。类星体是一个正在形成的年轻星系的核心。

星云，是聚集了气体和尘埃的巨大云雾状天体，位于恒星之间或四周。仙女座星云，是一个在黑暗夜空中可以为我们肉眼所见的星系，是人类肉眼所能看见的最遥远的天体！

星团，是由很多相互围绕旋转的恒星组成的聚合体。1572年，天文学家第谷·布拉赫（Tycho Brahe）观察到一颗**超新星**爆发，他认为自己当时见证了一颗恒星的诞生，而实际上，那是一颗恒星在生命终点的爆炸。虽然这种现象描述的是恒星的死亡而非新生，但天文学家们依然保留了"新星"这个名称，并在后来将这样的恒星改称为"超新星"。

4.有什么用？

每当发现一个天体时，天文学家会共同协商起名事宜，以此避免给同一天体取好几个名字。宇宙中存在的天体何止千百万，天文学家也会用数字（比如LBV 1806-20）或研究这些天体的科学家的名字（如巴纳德星、柯伊伯带）来给它们命名。

Hodge 301 星团

NGC 4414星系

02 测量宇宙

为旅行做准备时，我们谈到的是千米。

那么，天文学家们使用的是什么测量单位呢？

1.需要什么？

两颗干扁豆

一张白纸

一只计时秒表

2.做什么？

1 把白纸放在一楼的窗边上或是长椅上。把两颗扁豆放在白纸上，间距约为1厘米（一指宽）。

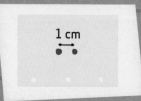

1 cm

2 以每秒走一步的速度，边看秒表，边缓缓走到离扁豆10步远的地方。

3 继续以同样的速度后退，这一次不看秒表，而是看着扁豆，直到你看到两颗扁豆在白纸上合成了一个黑点。

你知道自己实际上测量了什么吗？

3.什么原理?

10秒钟走了10步,也就是每1秒走1步。如果我们知道1步的长度,那么只要测量移动的时间,就可以知道移动的距离了。例如,如果1步的长度是1米,那么60秒就移动了60米。

1秒差距

因此,我们就可以利用秒和步间的关系设置一种测量单位,姑且称它为"秒–步"。假设在离我们30秒–步的距离上,两颗扁豆看起来合为了一体,即我们到达了用肉眼再也无法区别两颗扁豆间距的地方。如果我们知道两个物体之间的距离和我们与这两个物体之间的距离,就可以使用上述测量体系来测量其他物体的间距或其他距离。

4.有什么用?

在天文学中,1天文单位等于从地球到太阳的平均距离(约为1.5亿千米)。天文学家们将我们实验中的秒–步替换为光年,也就是说光在一年内传播的距离(约为10万亿千米)。距离太阳最近的恒星比邻星与太阳之间的距离约为4光年,相当于40万亿千米。在测量遥远天体与地球之间的距离时,我们使用的单位是秒差距。1秒差距相当于看到地球和太阳合二为一,或几乎合二为一所需的空间距离(所形成的角度大小为1角秒),约为3.262光年(约32万亿千米)。所以呢,比邻星距离太阳约1.3秒差距。大熊星座中的开阳双星是可以为肉眼所见的,这是唯一一个我们可以用肉眼分开识别的双星系统,就像实验中的那两颗扁豆一样。

大熊星座

03 离得越远，看起来越小

发生日食的时候，月球遮住了太阳。
比太阳小得多的月球是怎么遮住了太阳的呢？

1.需要什么？

一段宽1厘米、长5厘米的硬纸板条

一段宽1厘米、长8厘米的硬纸板条

一把刻度尺

2.做什么？

1
根据下图所示将硬纸板条折起来，放在远离你近前桌边的位置上，小的硬纸板条放在大的硬纸板条前面。

2
矮下身来，用你的双眼平视桌子的边缘，将小的硬纸板条朝着自己拉近，直到它遮住大的硬纸板条。

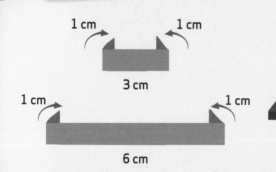

你在什么位置上停止了拉近？
测量两段硬纸板条和桌子边缘之间的距离。

3.什么原理?

小的硬纸板条与桌边的距离比大的硬纸板条与桌边的距离要近两倍。

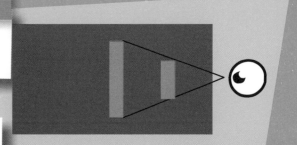

一个物体要挡住另一个比它大两倍的物体，距离就要比后者近两倍。

在这个距离上，两个物体看起来就一样大了。我们会说，它们从表面看来大小相同。一个物体看起来有多大取决于我们观看它时与它的距离。

4.有什么用?

从地球上观看月球和太阳时，它们似乎一样大。实际上，太阳比月球大400倍。而太阳与地球的距离恰好比月球与地球的距离大400倍，所以在发生日食的时候，月球刚好可以遮住太阳。

04 与树一样大的珠子

相对来说，小如珠子的月亮，是如何遮住了硕大如皮球的太阳的呢？

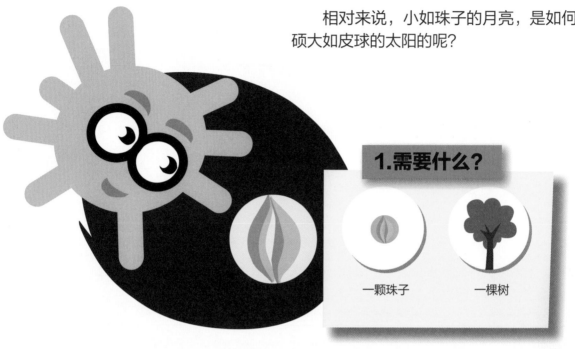

1.需要什么？

一颗珠子　　　一棵树

2.做什么？

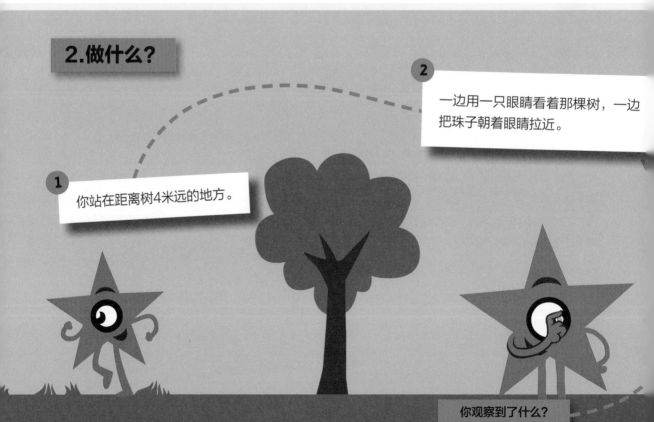

1 你站在距离树4米远的地方。

2 一边用一只眼睛看着那棵树，一边把珠子朝着眼睛拉近。

你观察到了什么？

3.什么原理?

当珠子在距离眼睛1或2厘米的位置上时,它把树完全给遮住了。当然了,珠子本身并没有变得比树大。那是因为珠子的大小挡住了眼睛,让我们无法看到树。对眼睛而言,拉近的珠子看起来大小跟树一样(或更大)。所以,要用肉眼比较两个物体的大小,必须让它们与我们的距离相同。

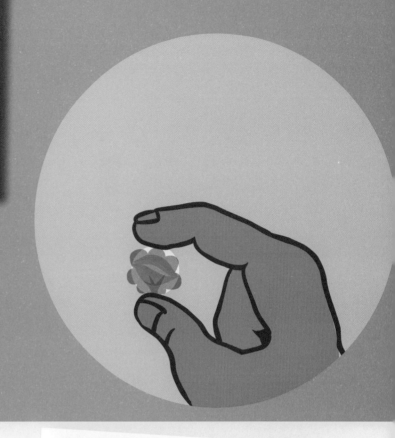

4.有什么用?

出于惊人的巧合,太阳比月球大400倍,太阳与地球的距离也比月球与地球的距离大400倍。因此,当我们在观察月球和太阳时,会觉得它们的大小一样。

当月球绕到地球与太阳正中间时,就把太阳完全遮住了,这就是**日全食**。但是,月球围绕地球运动的轨道并非正圆形,而是长圆形,也就是某种椭圆,因此,月球与地球之间的距离并不总是一样的,当月球远离我们时,它的直径看起来会小一些。此时发生日食时,月球没有把太阳完全遮住,只挡住中心的大部分,周围形成一圈光晕,这就是我们所说的**日环食**。

05 测量月球的直径

在2 000多年前，古希腊学者阿里斯塔克（Aristarchus）测量出了月球的直径。他是怎么计算出这个数值的呢？

1.需要什么？

一个球

7颗珠子

一本书

一把透明尺

一卷胶带

一个计算器

一把椅子

2.做什么？

这个实验需要在天花板上悬挂有灯的房间里完成。

1 用胶带把球绑在透明尺的一端。用书把尺子的另一端压在椅子上。球要位于天花板吊灯的正下方。

3 用尺子大致测量出球的直径和珠子的直径。

2 设法令球的阴影跟球的大小一样。在球的阴影内把珠子排成贯穿阴影的一条直线。

4 用球的直径除以珠子的直径。

你发现了什么？

3.什么原理？

除得的结果等于贯穿球阴影的珠子的数量！在实验中，地板上球阴影的直径几乎等于球本身的直径，也就是说，贯穿球的珠子的数量等于贯穿球阴影的珠子的数量。

4.有什么用？

古希腊天文学家阿里斯塔克认为，在太阳的照射下，地球的本影在自己的背后形成了一个圆柱体。在观察月食——月球躲进地球本影里——的过程中，阿里斯塔克意识到，月球在走出地球的本影之前，移动的距离是自身直径的3倍。他因此推导出月球的直径差不是地球直径的1/3，而喜帕恰斯（Hipparchus）已经知道了地球的直径，所以他没费什么功夫就推算出了月球的直径。

后来，人类意识到，地球的本影在空间中远离的时候，其直径会略微缩小。因此，阿里斯塔克计算出的月球直径，比实际上的月球直径（3 476千米，地球的直径约为12 740千米）要略长一些。

06 "珠子行星"和"网球行星"

木星、土星、天王星和海王星等巨行星，要比地球大得多，也重得多。

一颗大小是地球两倍的行星，它的重量也是地球的两倍吗？

1.需要什么？

一本长方形的硬壳书

一支铅笔

黏合剂

半碗水

一个网球

十颗珠子

两个小甜点杯

2.做什么？

2 把网球放在一个小杯中，然后往另一个小杯中放珠子，直到天平平衡。

1 把书放在铅笔上做成一个天平。把两个小甜点杯放在书的上面，保持天平的平衡，然后用黏合剂将小杯固定住。

3 把网球和一颗珠子放到有水的碗中。你发现了什么奇怪的事情吗？

3.什么原理?

在天平上，需要8或9颗珠子才能跟网球保持平衡，而在水中，1颗珠子就沉底了，而网球却漂了起来！因此，某个物体是否漂得起来，不仅取决于它的重量，还取决于它的密度，也就是这个物体单位体积（比如一立方米）的质量。

网球"重"8或9颗珠子，但是，如果测量一下它的体积，我们会发现，可以往网球里塞进63颗珠子（需要将珠子压碎，以免留下空隙）。这就说明，网球的密度低于珠子的密度：1个网球与9颗珠子一样重；1个大小如网球的珠子与63颗珠子一样重。63除以9等于7，这就意味着，网球的重量是同等体积的珠子的1/7，它的密度也就是珠子的1/7。这就是为什么网球和珠子在水中会有不同的表现：一个漂了起来，另一个却沉底了。

4.有什么用?

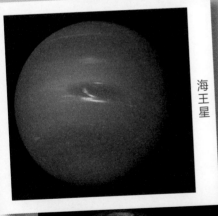

海王星

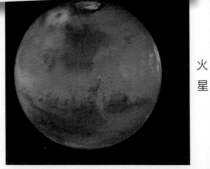

火星

太阳系的巨行星，无论在大小还是重量上，都远远超过地球和其他诸如水星、金星和火星等行星。但是，这些主要由流体（液态气体）构成的巨行星，密度却比地球的密度要小。最大的巨行星木星，其总重量约是地球的320倍，体积大约是地球的1 300倍，所以，木星的密度就约为地球密度的1/4。土星的总重量约为地球的100倍，体积为地球的700倍，它的密度是水的密度的7/10，也就是说，它在水里会漂起来！

类地行星（水星、金星、地球和火星）结构紧密，它们的密度是最大的巨行星——木星的3到4倍。

07 恒星照亮我们……一点点！

夜晚，成千上万颗恒星在天空中闪闪烁烁，它们往往比太阳大得多。

那为什么夜晚不会更热和更亮呢？

1.需要什么？

一张白纸

一张边长为20厘米的正方形硬纸板

一把圆规

一盏台灯

2.做什么？

1 用圆规的尖头在硬纸板上戳大约50个洞。用圆规的铅芯头在白纸上画一个点。

2 把戳了洞的硬纸板放在台灯前。把白纸由近及远远离硬纸板，同时观察白纸上的那个点是如何被照亮的。

你观察到了什么？

3.什么原理？

白纸距离硬纸板越远，光穿过孔洞照在纸上的光点就越大，同时白纸上的点则越暗！实际上，台灯的光线洒落在灯泡四周，同样地，光线透过硬纸板上的孔洞也会照向四面八方，如果纸上的点在某个孔洞的旁边，它就能接收到从这个孔洞中穿过的光线；而当点离得远时，它就会接收到来自多个孔洞的光线，但由于这些光线太分散，点就会变暗。

4.有什么用？

虽然有些恒星比太阳——太阳本身是一个中等亮度的小恒星——更大更亮，却无法照亮地球表面，因为它们离我们实在太远（而且还在继续远离），所以只有很少一部分微弱的光照到了地球上。

在矮行星冥王星上，夜晚的温度可低至-200℃。其实，从冥王星上看太阳（远在60亿千米之外），就像我们看夜空中的一颗恒星，它可能要比其他恒星亮一些，但还达不到照亮冥王星的程度。

08 恒星为什么会闪烁？

我们在观察恒星时，有时会看到它们在不停闪烁。这是为什么？

1.需要什么？

一台打开的电暖器，放在窗下；一盆很热的水，放在窗下的椅子上。

2.做什么？

在夏季，可以用一张黑色的纸来代替电暖器，把纸放在阳光照射着的窗台边上。

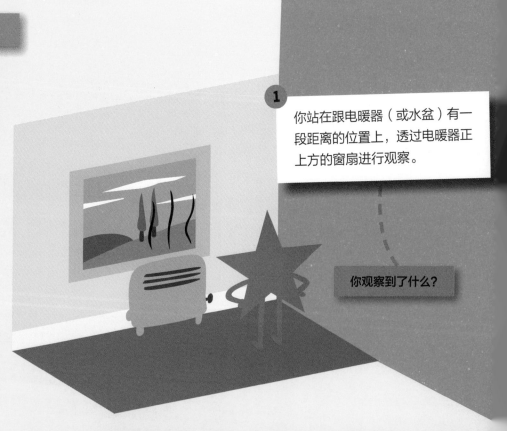

1 你站在跟电暖器（或水盆）有一段距离的位置上，透过电暖器正上方的窗扇进行观察。

你观察到了什么？

3.什么原理？

我们看到的风景似乎在动，感觉就像是隔着一块模糊不清的玻璃窗在看。

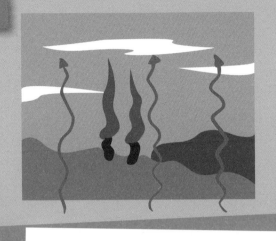

这是因为，被电暖器加热的空气推动上方较冷的空气在窗前升起。光线穿过热空气和冷空气的方式不大相同，而我们正是通过光线看到风景的。风景好像在动，是因为我们接收到的光线穿过了移动中的空气。

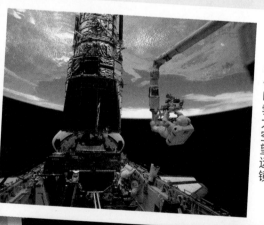

检修哈勃太空望远镜

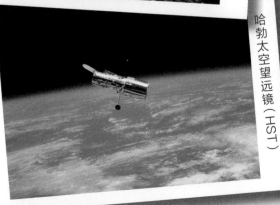

哈勃太空望远镜（HST）

4.有什么用？

恒星的光芒需要穿过大气层，才能到达我们的双眼。大气层由若干具有不同温度的空气层构成，每个空气层较之其他空气层会发生移动。所以，从这些空气层穿过的光线会略微发生错位，因此看起来像是在闪烁。为了避免这一现象造成的不便，天文学家先是选择在越来越高的山上设置望远镜，之后，他们又把望远镜发射到绕地轨道上，也就是大气层以外的地方。

09 回望过去

太阳光花了8分钟的时间，穿越了1.5亿千米的距离来到地球，因此，我们看到的是8分钟之前的太阳光。

那么，那些恒星的光芒又是多久之前发出来的呢？

1.需要什么？

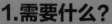

以下事件：

A

能人的出现，他们是最早的人属动物

B

恐龙的消失

C

意大利学者伽利略世前13年。伽利略持地球绕太阳旋转说法，并发现了太黑子会移动。

2.做什么？

我们在2018年看到的每一个天体的光芒，都是在过去发出的，这些光芒走过的路程有长有短，抵达地球有快有慢。我们在地球上看到的下面这三个天体，其实是它们在上文所列事件（A、B、C）发生时的样子。

恒星与星系

1

北极星

（360光年）

2

仙女星系（250万光年）

3

M 77星系

（6 000万光年）

请你为每个天体找到对应的事件。

3.什么原理？

答案：A2，B3，C1

1光年，是光线在1年内传播的距离，也就是约10万亿千米。所以，我们接收到的从一颗4光年以外的恒星上发出的光线，是这颗恒星在4年之前发射出来的。因此，我们看到的是它4年前的样子！

4.有什么用？

宇宙的可见距离达到数百亿光年。天文望远镜捕获的离我们最遥远的光线，是在它发出137亿光年之后才抵达地球的！在遥望宇宙的过程中，我们观察到了宇宙各个不同的历史阶段（恒星的形成和消亡、星系的形成和消亡……）。约140亿年前，宇宙诞生于一次大爆炸，释放出一种辐射——宇宙微波背景辐射，时至今日，我们仍然可以探测到这种年代非常古老的辐射，它遍布整个宇宙。如果在某个距离地球46亿光年左右的行星上有一群观察者，那么他们就将在今天看到我们星球的诞生。

星系演化探测器（紫外）太空望远镜于2003年拍摄的首张照片

哈勃太空望远镜拍摄的照片

10 越重的物体坠落得越快?

无论我们在地球上的什么地方，北方或南方，我们松开的物体总是会朝着地面掉落。

较重的物体朝地球坠落的速度是否比较轻的物体要快呢?

1.需要什么?

一把金属勺子

一个笔帽

一根30厘米长的线

一把椅子

2.做什么?

1 在线的一端绑上笔帽，另一端绑上金属勺子。

2 手拿着勺子，笔帽坠在绷直的线的另一端，然后站到椅子上。抬起手臂，松开勺子。

在坠落的过程中观察线。

3 再做一次这个实验，这一次手里拿着笔帽。

线的反应每次都是一样的吗?

3.什么原理?

无论一开始是手拿勺子还是手拿笔帽，线的反应都是一样的：它在坠落的过程中不再是绷直的了！我们可能会认为，在两种情况下，勺子都会拽着笔帽向下坠落。但其实，拽着两个物体向下坠落的，是重力，即地球对它们的吸引力，即便在撒手时两个物体没有绑在一起，它们依然会坠落！

在坠落过程中，两个物体的移动原理是相同的。没有什么能够阻拦它们，除了空气造成的一点点摩擦。而勺子和笔帽穿过空气的容易程度是等同的，所以它们会在同一时间坠地，无论谁轻谁重。

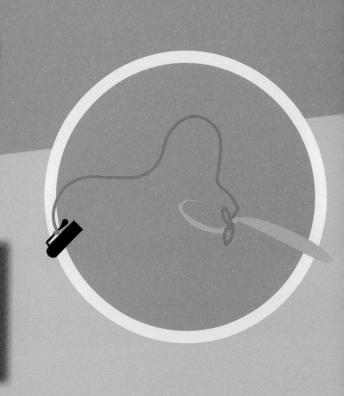

4.有什么用?

空间站围绕地球旋转时，空间站里的航天员和物体要承受两种大小相同的力：一个是地球的引力，它把宇航员和物体拉向地球；另一个是空间站围绕地球旋转所产生的离心力，它想要拽着航天员和物体脱离轨道。这两种力可以相互抵消，所以空间站里的宇航员和物体就感觉不到地球引力了。

宇航员珊农·露茜德（Shannon Lucid）在和平号空间站

航天员罗伯特·克里彭（Robert Crippen），1981年

航天员约翰·E.布拉哈（John E. Blaha），1989年

如果航天员在空间站里松开一个物体，这个物体会待在原位——空间站内的所有物品都处在移动之中，于是物体看起来似乎原地不动，就好像飘浮在空气里一样。